CHINA ARCHITECTURAL DESIGN AND PERFORMANCE YEARBOOK 2011

中国建筑设计与表现年鉴 2011

⑥居住❷
RESIDENCE ❷

张先慧　主编

图书在版编目（CIP）数据

中国建筑设计与表现年鉴（2011）牛皮书.2 /张先慧编. —天津：天津大学出版社，2011.7
ISBN 978-7-5618-3993-5

Ⅰ.①中… Ⅱ.①张… Ⅲ.①建筑设计—中国—2011—年鉴 Ⅳ.①TU2-54

中国版本图书馆CIP数据核字（2011）第125550号

组稿编辑 油俊伟
责任编辑 李金花 油俊伟
美术指导 李小芬
美术编辑 苏雪莹 梁 晓 王丽萍

出版发行 天津大学出版社
出 版 人 杨欢
地 址 天津市卫津路92号天津大学内（邮编：300072）
电 话 发行部：022-27403647 邮购部：022-27402742
网 址 www.tjup.com
印 刷 广州市中福彩印有限公司
经 销 全国各地新华书店
开 本 215mm×305mm
印 张 113
字 数 1260千
版 次 2011年7月第1版
印 次 2011年7月第1次
定 价 1460.00元（全六册）

目录

CONTENTS

1
规划与文化 PLANNING AND CULTURE

2
公共建筑 PUBLIC ARCHITECTURE

3
商业 COMMERCE

4
办公 OFFICE

5
居住 ❶ RESIDENCE ❶

6
居住 ❷ RESIDENCE ❷

导言

INTRODU-
CTION

记录精英　传播经典

继成功推出牛皮书1之《中国建筑设计与表现年鉴2011》，获得业界的强烈反响和高度评价后，我们再接再厉，现推出牛皮书2之《中国建筑设计与表现年鉴2011》，本书是一套专业的建筑设计作品与建筑表现图全集，它全面反映了建筑设计及表现行业的最新成果，旨在打造中国最具影响力及最具权威性的建筑设计与表现行业年鉴。同时，也为整个行业的规范和健康发展略尽微薄之力。

本年鉴的征稿消息发出后，建筑行业里各路英雄豪杰积极呼应，踊跃投稿，最终使本年鉴得以顺利面世。我们用专业年鉴的形式把最新、最优秀的建筑设计与表现作品记录下来，推广开去。同时，也使本年鉴成为建筑表现企业自我展示、宣传交流的平台。

“记录精英，传播经典”，这是“麦迪逊丛书”的宗旨。

希望业界朋友继续关注与支持我们。

张先慧

中国麦迪逊文化传播机构董事长
中国（广州、上海、北京）“广告人”广告书店董事长
“麦迪逊丛书”主编

序 / (排名不分先后)

PREFACE

坚持，为创作也是为理想

白云 / 深圳市森凯盟数字科技有限公司 深圳市瀚方数码图像设计有限公司

进入建筑表现行业有7年多的时间了，曾经疲惫过也迷茫过，但是我还是坚持下来了，也许这正是自己选择的一种生活方式吧。

很高兴受邀为广州“麦迪逊丛书”编委会新一期的《中国建筑设计与表现年鉴》写序。说实话，在写这个序之前我从来没有仔细回想过太多，包括总结什么辛酸、自己走过的路程、工作过的一切等。我不太喜欢纠结在这些事情上面，我知道任何行业的存在都有一定的特殊性和历史性。建筑表现这个行业就是我们常说的效果图行业，从它的诞生到现在的发展，经过了无数次的革新，说明它的存在是市场的必然性。它将原来传统手绘单一的表达形式演变成了现在丰富、多元化的表达形式。这也使得这个行业在房地产市场的发展中应用得更加灵活、广泛。

近些年来，有越来越多的朋友们加入这个行业，为这个行业注入了新的发展理念，使整个行业的技术水准不再低于国外的表达水平；他们为这个行业做出了很大的贡献，让效果图的表达不再千篇一律，缺乏欣赏。同时，从业人员的不断增加也让整个市场的竞争变得更加激烈，从而让效果图表现的企业面临着更多的考验，它需要我们不断完善自我，坚定信心与理想，继续往下走。

我们要站在行业发展的方向上来思考问题，而不要一味地追求利益化地生存着，不要让整个行业的发展变得迷茫。正是因为我们这个行业本身的门槛太低，再加上现在这个行业不再像以前那么轻松了，设计师也更加依赖效果图这个平台，所以就导致大家做得非常的辛苦、被动。

这一切都使得效果图行业未来的发展路线更加曲折、坎坷，就像现在的餐馆一样，满大街都有，而且竞争激烈，核心竞争力也是在产品的质量和服务上面。但是它们依然在变革和竞争中发展成熟。这就需要坚持，需要我们为那漫长的发展历程而付出坚持。

最后向从事效果图行业的所有同行们致敬，投身于这个行业就是在不断地付出与服务，为效果图行业的发展贡献了我们很多的心血。但是，不管未来怎么样，我们都要坚持，为创作也是为理想而坚持，因为我们已经从事了这个行业。再次感谢广州“麦迪逊丛书”编委会给我这个思考的机会，希望贵公司越办越好。

思想·硬道理

孙长明 / 哈尔滨市拓普装饰设计有限公司

披星戴月七余载

几家欢喜几家愁

八零创业九零守

是非成败转头空

逆水行舟不进则退

若要前行思想才是硬道理

时代·表现·发展

朱茂华 / 四川省绵阳瀚影建筑图像设计有限公司

当代社会进入了越来越丰富的视觉时代，建筑表现艺术也获得了前所未有的、广阔的发展空间。优秀的作品是当代知识与文化的结晶，也是特定时代的精神体现，杰出的创意会将这个时代的审美价值、艺术趣味与生活水准直接反映到作品之中。

当代的建筑表现产业在中国的现代化城市进程中扮演着越来越重要的角色，也逐渐成为中国最富有活力的行业之一，对城市的发展起着巨大的推动作用，并引导和改变着社会生活的诸多方面。

“麦迪逊丛书”编委会此次出版的《中国建筑设计与表现年鉴2011》更是一次建筑表现公司作品的展览盛会。此次参展的作品数量多、水平高，集中展示了我国当代建筑表现作品创作繁荣发展的面貌和建筑表现人对艺术的追求与探索，并引领着未来表现事业发展的方向。

最后祝愿每一位辛勤工作在建筑表现行业的朋友们工作顺心、万事如意！并感谢“麦迪逊丛书”长期以来提供给我们展示与交流的机会。

空间·表皮·平面

刘玮 / 郑州指南针视觉艺术设计有限公司

入建筑表现这个行业也有些年头了，在这些年里经历过激情、痴迷、茫然、平和，也许这是每个工作过的人都经历过的心路历程，激情是不会始终伴随着我们的，需要用平和的心态来对待工作，时刻都要坚持对艺术的追求和对工作的执著，不能让心智在长时间的工作中给磨灭，我觉得凡是在行业中能坚持到最后的都是佼佼者。

我们在工作的过程中会碰到形形色色的客户，刚做起来觉得很难，慢慢地有了一点心得，首先我们做表现不能为了表现而表现，换一种说法就是我们只有深入地了解建筑师内心的想法才能更明确地表达出来，不是我们在表现什么而是建筑师在想什么。

个人觉得表现的好坏有三点：空间、表皮、平面。空间指的是建筑的空间关系，建筑的空间比例，所以做模型的人员一定要有良好的空间感；表皮指的是材质的表现，光感的变化，材质赋予建筑的生命，所以做渲染的人员一定要有良好的光感；平面指的是平面关系，色彩的平衡，所以做后期的一定要有良好的色彩感觉。这三者缺一不可，因为我们是集体合作，要想做好就得靠大家的共同努力，只有坚韧的团队才能无坚不摧，才能做出更有艺术感染力的作品！！！

RESIDENCE 2
居住 2

RESIDENTIAL PLANNING
/ 居住规划

某住宅项目

绘图单位：深圳市朗形数码影像传播有限公司
设计单位：深圳市大唐世纪建筑设计事务所

某住宅项目

绘图单位：深圳市朗形数码影像传播有限公司
设计单位：深圳市大唐世纪建筑设计事务所

某住宅项目

绘图单位：深圳市朗形数码影像传播有限公司
设计单位：深圳市大唐世纪建筑设计事务所

① **某住宅项目**
绘图单位：深圳市朗形数码影像传播有限公司
设计单位：深圳市大唐世纪建筑设计事务所

② **太阳谷**
绘图单位：深圳市雨滕技术有限公司
设计单位：深圳市建筑设计研究总院有限公司

②

②

太阳谷

绘图单位：深圳市雨滕技术有限公司
设计单位：深圳市建筑设计研究总院有限公司

① **泰安市泰山某住宅项目**
绘图单位：上海白沐建筑设计咨询有限公司

② **某住宅项目**
绘图单位：上海翰境数码科技有限公司

①

①

②

彭山县彭谢新村

绘图单位：成都亿点数码艺术设计有限公司
设计单位：南方设计院

彭山县彭谢新村

绘图单位：成都亿点数码艺术设计有限公司
设计单位：南方设计院

彭山县彭谢新村

绘图单位：成都亿点数码艺术设计有限公司
设计单位：南方设计院

彭山县彭谢新村

绘图单位：成都亿点数码艺术设计有限公司

设计单位：南方设计院

彭山县彭谢新村

绘图单位：成都亿点数码艺术设计有限公司
设计单位：南方设计院

金秀二期

绘图单位：深圳市朗形数码影像传播有限公司
设计单位：北京中外建建筑设计有限公司深圳分公司

金秀二期

绘图单位：深圳市朗形数码影像传播有限公司
设计单位：北京中外建建筑设计有限公司深圳分公司

① **金秀二期**
绘图单位：深圳市朗形数码影像传播有限公司
设计单位：北京中外建建筑设计有限公司深圳分公司

② **广西日报社**
绘图单位：深圳市朗形数码影像传播有限公司
设计单位：深圳市浚宇轩建筑设计咨询有限公司

①

②

②

卧龙山庄

绘图单位：铭世建筑创作工作室

设计单位：铭世建筑创作工作室

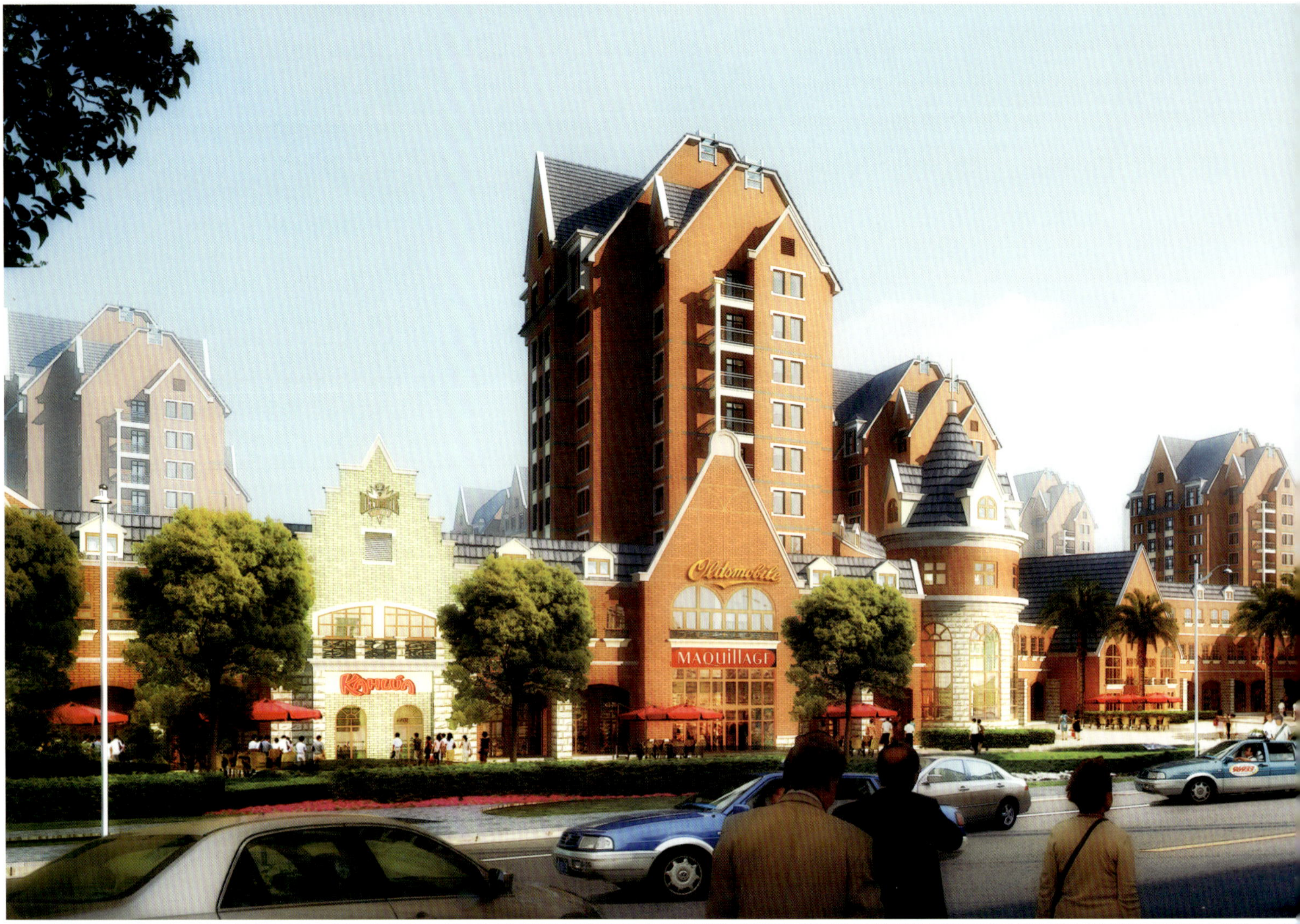

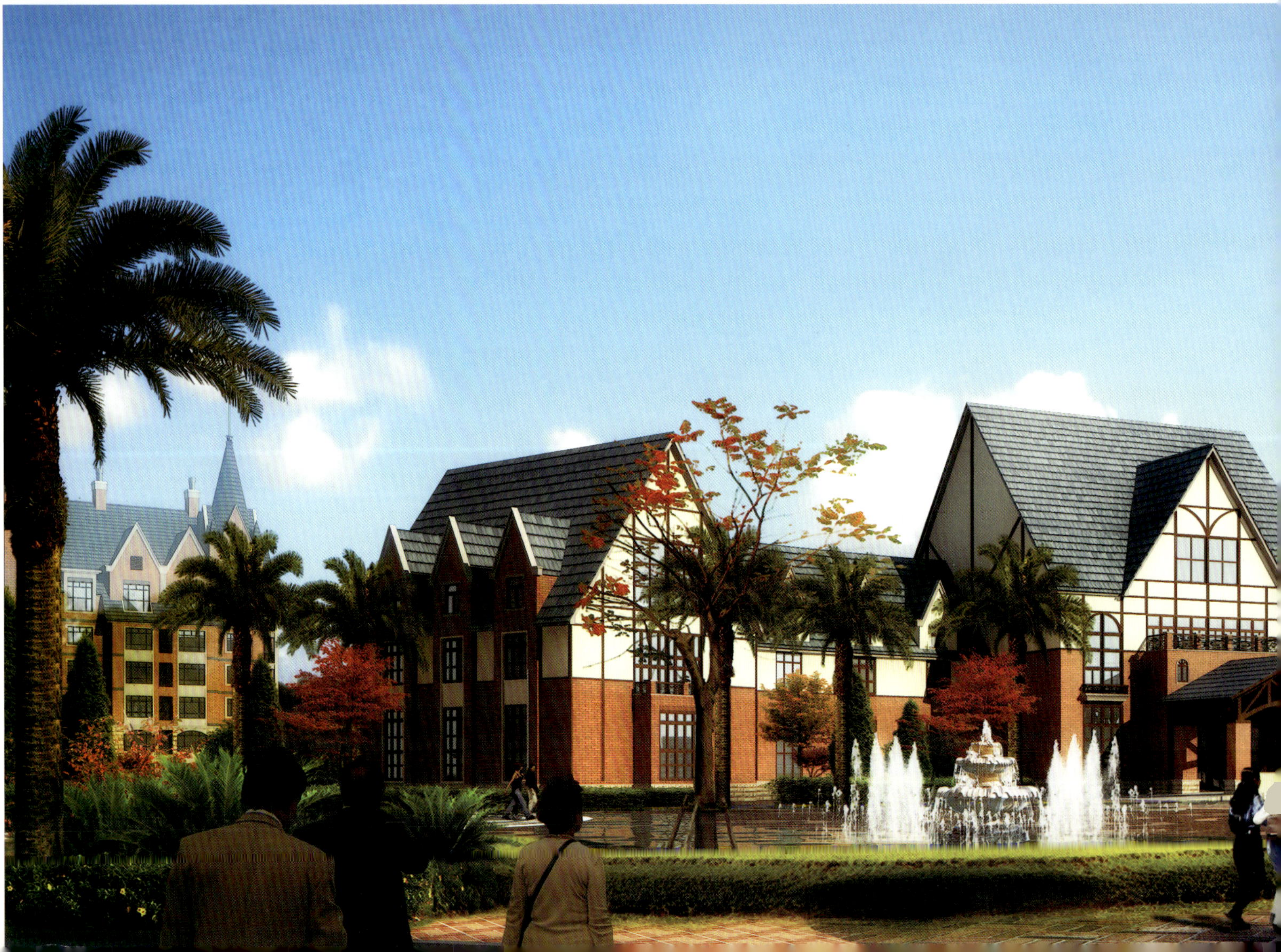

卧龙山庄

绘图单位：铭世建筑创作工作室
设计单位：铭世建筑创作工作室

卧龙山庄

绘图单位：铭世建筑创作工作室
设计单位：铭世建筑创作工作室

①

②

②

②

① **卧龙山庄**

绘图单位：铭世建筑创作工作室
设计单位：铭世建筑创作工作室

② **威海市海角小镇**

绘图单位：烟台市博源广告设计工作室
设计单位：铭世建筑创作工作室

威海市海角小镇

绘图单位：烟台市博源广告设计工作室
设计单位：铭世建筑创作工作室

威海市海角小镇

绘图单位：烟台市博源广告设计工作室
设计单位：铭世建筑创作工作室

海棠住宅小区

会图单位：重庆市五色石电脑设计有限公司
设计单位：重庆市长寿建筑设计院

海棠住宅小区

会图单位：重庆市五色石电脑设计有限公司
设计单位：重庆市长寿建筑设计院

海棠住宅小区

会图单位：重庆市五色石电脑设计有限公司
设计单位：重庆市长寿建筑设计院

平顶山市和盛广场方案一

绘图单位：上海市杰点建筑绘画有限公司
设计单位：上海中星志成建筑设计有限公司

平顶山市和盛广场方案一

绘图单位：上海市杰点建筑绘画有限公司
设计单位：上海中星志成建筑设计有限公司

PRADA
MaxMara
ARMANI JEANS

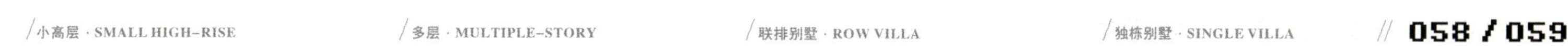

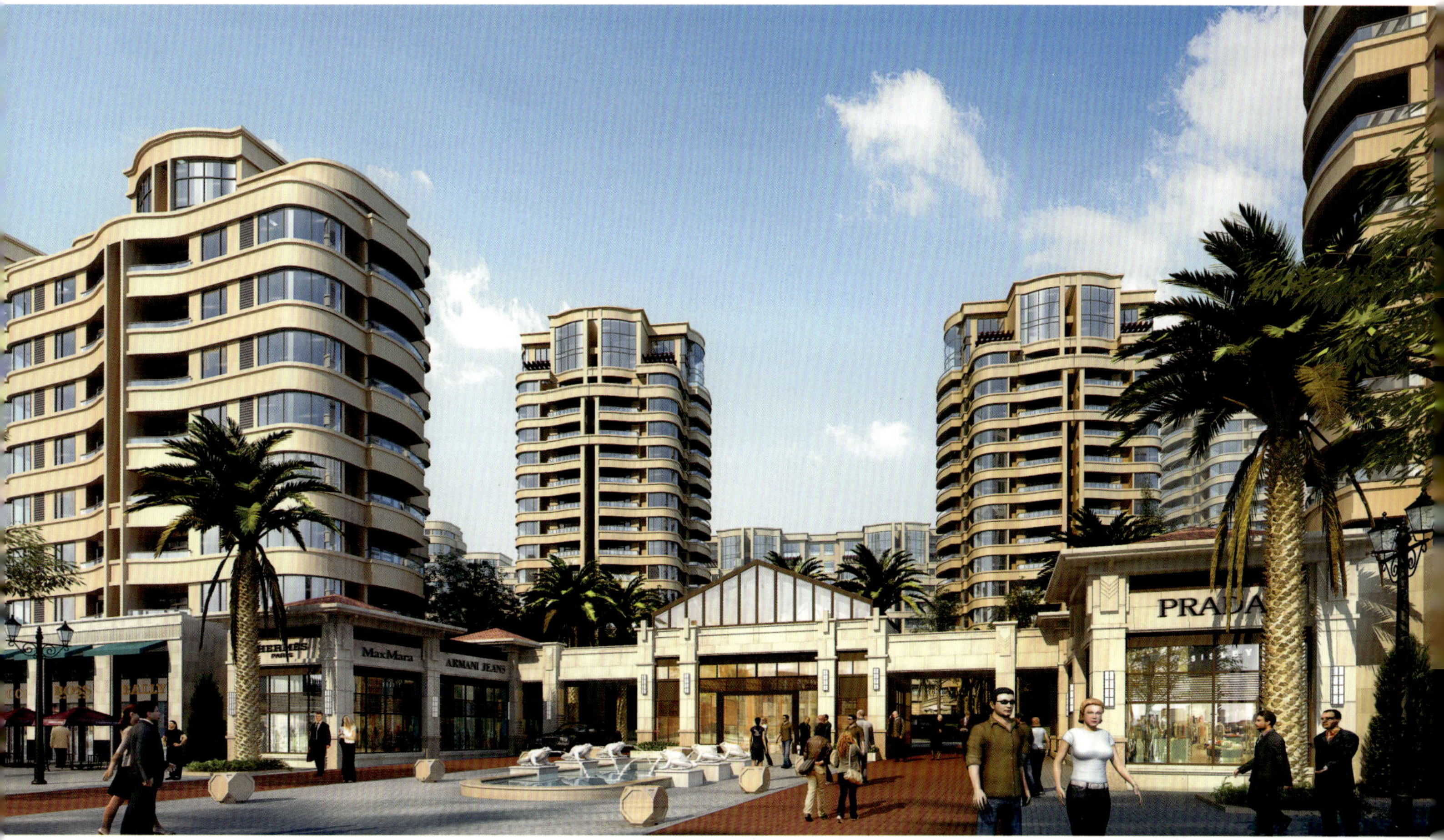

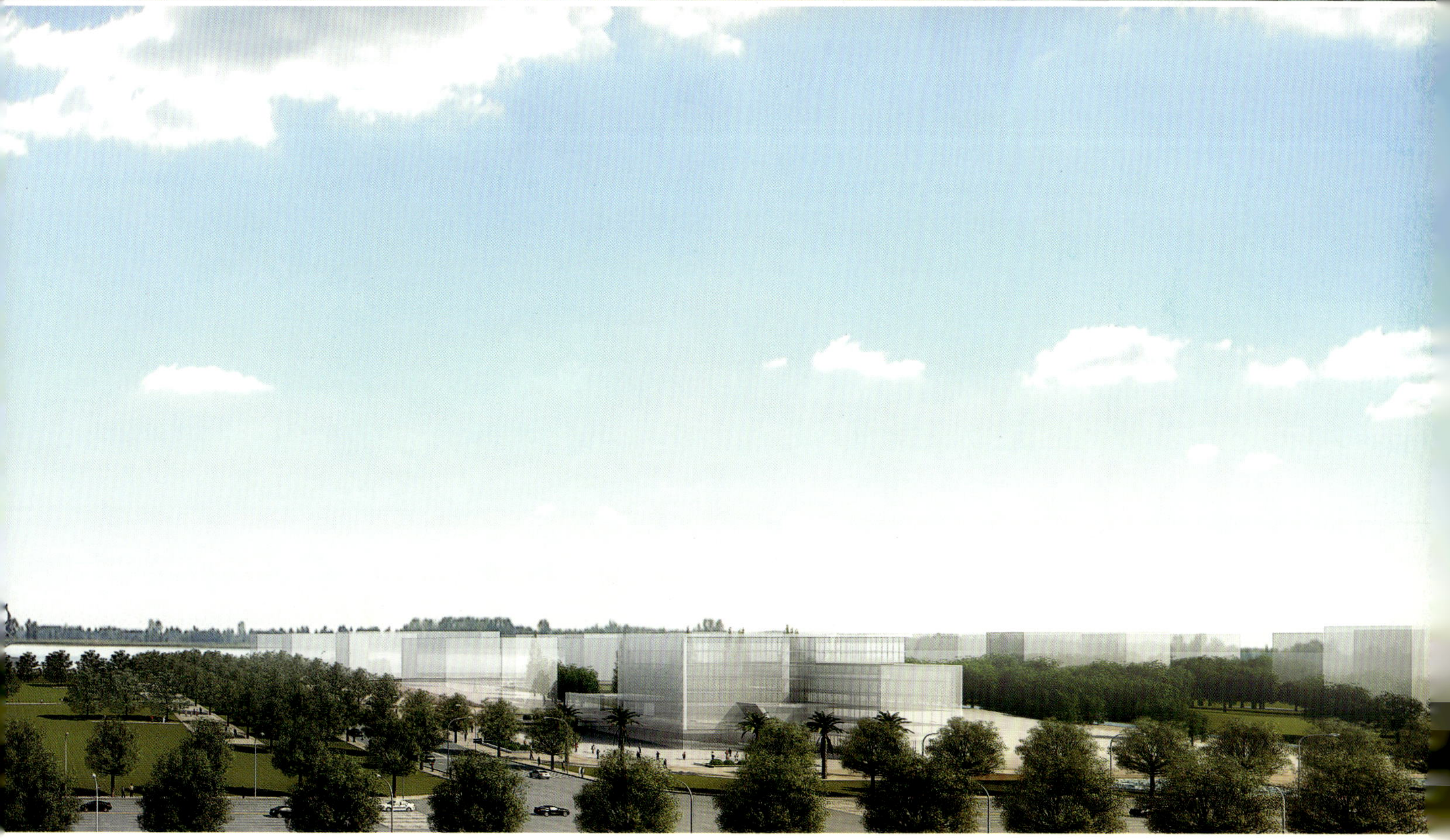

Hilton
caprabo
Villeroy & Boch
STRENGTH
YORK
RITA

Hilton
CASIO
Reebok
DUNLOP
ChristianDior
KENZO

平顶山市和盛广场方案二

绘图单位：上海市杰点建筑绘画有限公司
设计单位：上海中星志成建筑设计有限公司

平顶山市和盛广场方案二

绘图单位：上海市杰点建筑绘画有限公司
设计单位：上海中星志成建筑设计有限公司

caprabo
ONEIDA
肯德基
The House of Villeroy & Boch

四川省某小区

绘图单位：广州浩瀚图文设计有限公司

厦门市源昌银河新城二期

绘图单位：厦门万典图像设计有限公司

设计单位：福建华景建筑设计院

增城市某项目

绘图单位：深圳市朗形数码影像传播有限公司
设计单位：深圳市华域博阳建筑设计有限公司

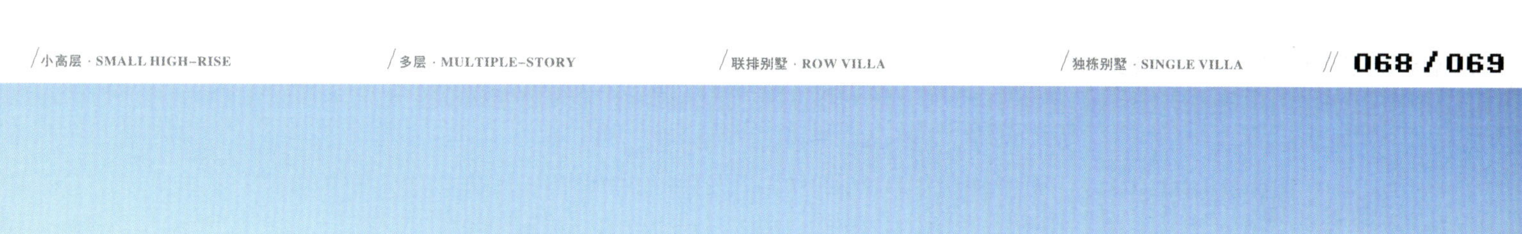

增城市某项目

绘图单位：深圳市朗形数码影像传播有限公司
设计单位：深圳市华域博阳建筑设计有限公司

烟台市象山西侧地块

绘图单位：铭世建筑创作工作室
设计单位：铭世建筑创作工作室

烟台市篆山西侧地块

绘图单位：铭世建筑创作工作室
设计单位：铭世建筑创作工作室

烟台市篆山西侧地块

绘图单位：铭世建筑创作工作室
设计单位：铭世建筑创作工作室

扶绥县某规划

绘图单位：深圳市朗形数码影像传播有限公司
设计单位：深圳市浚宇轩建筑设计咨询有限公司

扶绥县某规划

绘图单位：深圳市朗形数码影像传播有限公司
设计单位：深圳市浚宇轩建筑设计咨询有限公司

扶绥县某规划

绘图单位：深圳市朗形数码影像传播有限公司
设计单位：深圳市浚宇轩建筑设计咨询有限公司

扶绥县某规划

绘图单位：深圳市朗形数码影像传播有限公司
设计单位：深圳市浚宇轩建筑设计咨询有限公司

孝感市阳光精英

绘图单位：武汉3D印象数码设计有限公司
设计单位：武汉创元咨询建筑设计有限公司

①

②

① 孝感市阳光精英

绘图单位：武汉3D印象数码设计有限公司
设计单位：武汉创元咨询建筑设计有限公司

② 重庆市某温泉度假村

绘图单位：重庆仕方图像设计工作室
设计单位：北京正东国际建筑工程设计有限公司重庆分公司

① **遵义市某小区**
绘图单位：重庆海侨文化传媒有限公司
设计单位：卓创国际工程设计有限公司

② **某住宅项目**
绘图单位：上海思坦德建筑装饰工程有限公司

①

①

②

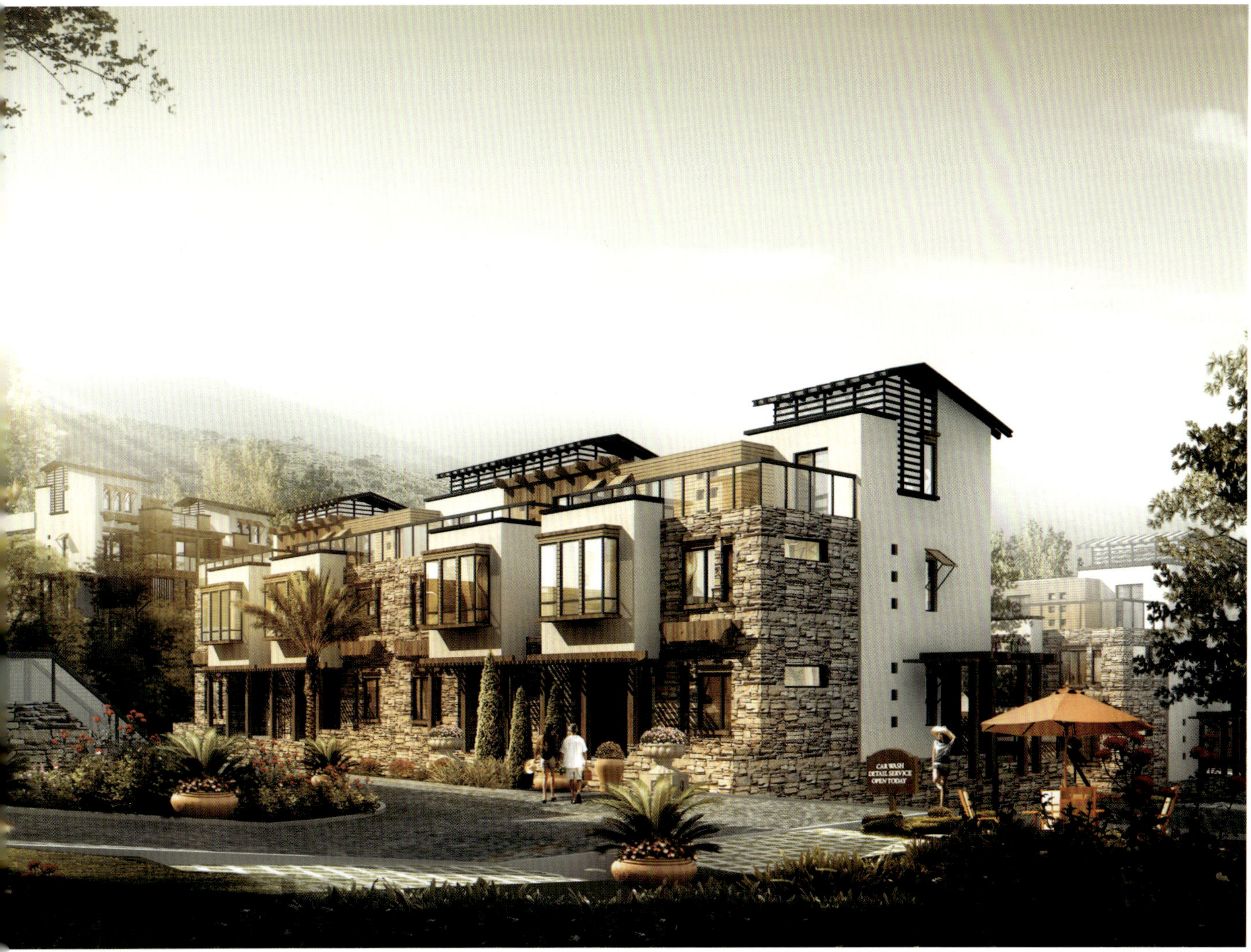

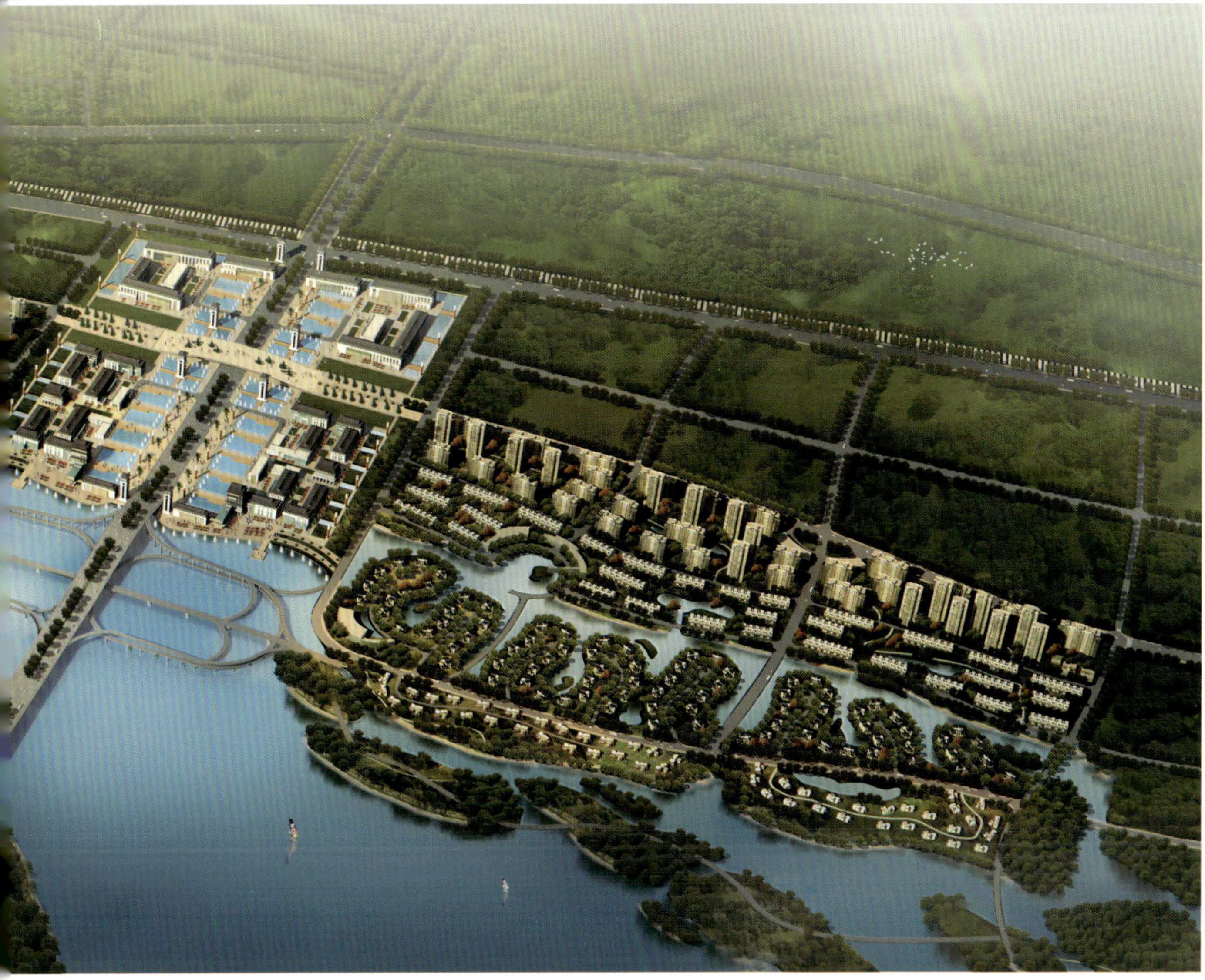

烟台市芝水小区

绘图单位：烟台市博源广告设计工作室
设计单位：烟台市房屋勘察设计院

烟台市芝水小区

绘图单位：烟台市博源广告设计工作室
设计单位：烟台市房屋勘察设计院

扬中市江洲小区

绘图单位：深圳市朗形数码影像传播有限公司
设计单位：深圳市浚宇轩建筑设计咨询有限公司

一汽大众德国村

绘图单位：成都上润图文设计制作有限公司
设计单位：四川国恒建筑设计有限公司

一汽大众德国村

绘图单位：成都上润图文设计制作有限公司

设计单位：四川国恒建筑设计有限公司

伊宁市塞外江南

绘图单位：上海白沐建筑设计咨询有限公司

重庆市大学城富力城D组团

绘图单位：重庆城境图文设计有限公司
设计单位：重庆富力城房地产开发有限公司

郑州市凯林北环某居住区方案一

绘图单位：郑州指南针视觉艺术设计有限公司

设计单位：郑州华都建筑规划设计有限公司

原阳县某小区

绘图单位：郑州指南针视觉艺术设计有限公司
设计单位：北京中科院建筑设计研究院河南分院

① 原阳县某小区

绘图单位：郑州指南针视觉艺术设计有限公司
设计单位：北京中科院建筑设计研究院河南分院

② 休宁县上城国际小区

绘图单位：安徽飞翔鸟综合服务有限责任公司
[illegible]飞扬图像公司
设计单[illegible]工业大学建筑设计研究院

①

②

②

酉阳县桂花街某项目

绘图单位：重庆市五色石电脑设计有限公司
设计单位：欧・威迅建筑设计咨询公司（加拿大）

酉阳县桂花街某项目

绘图单位：重庆市五色石电脑设计有限公司
设计单位：欧·威迅建筑设计咨询公司（加拿大）

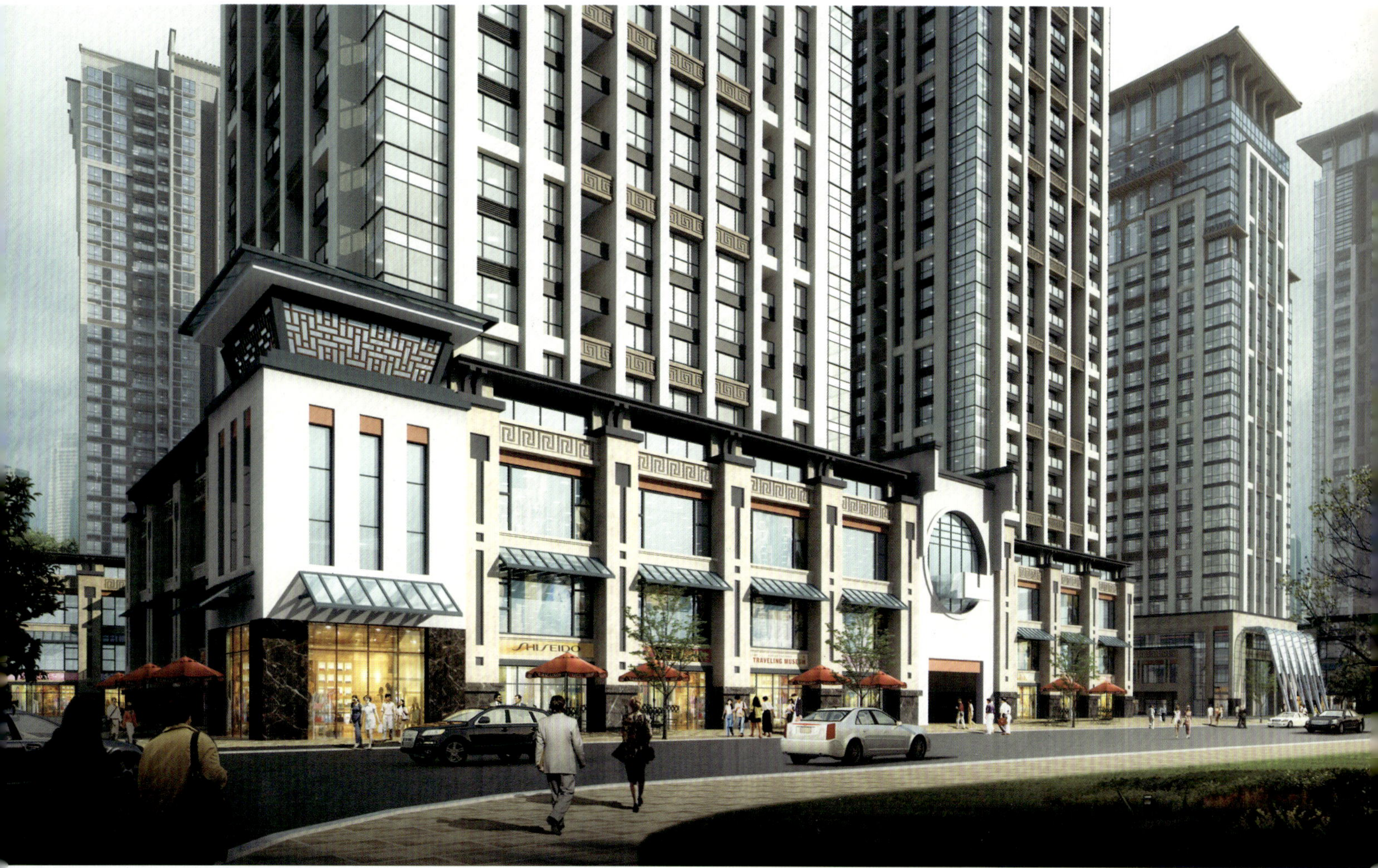

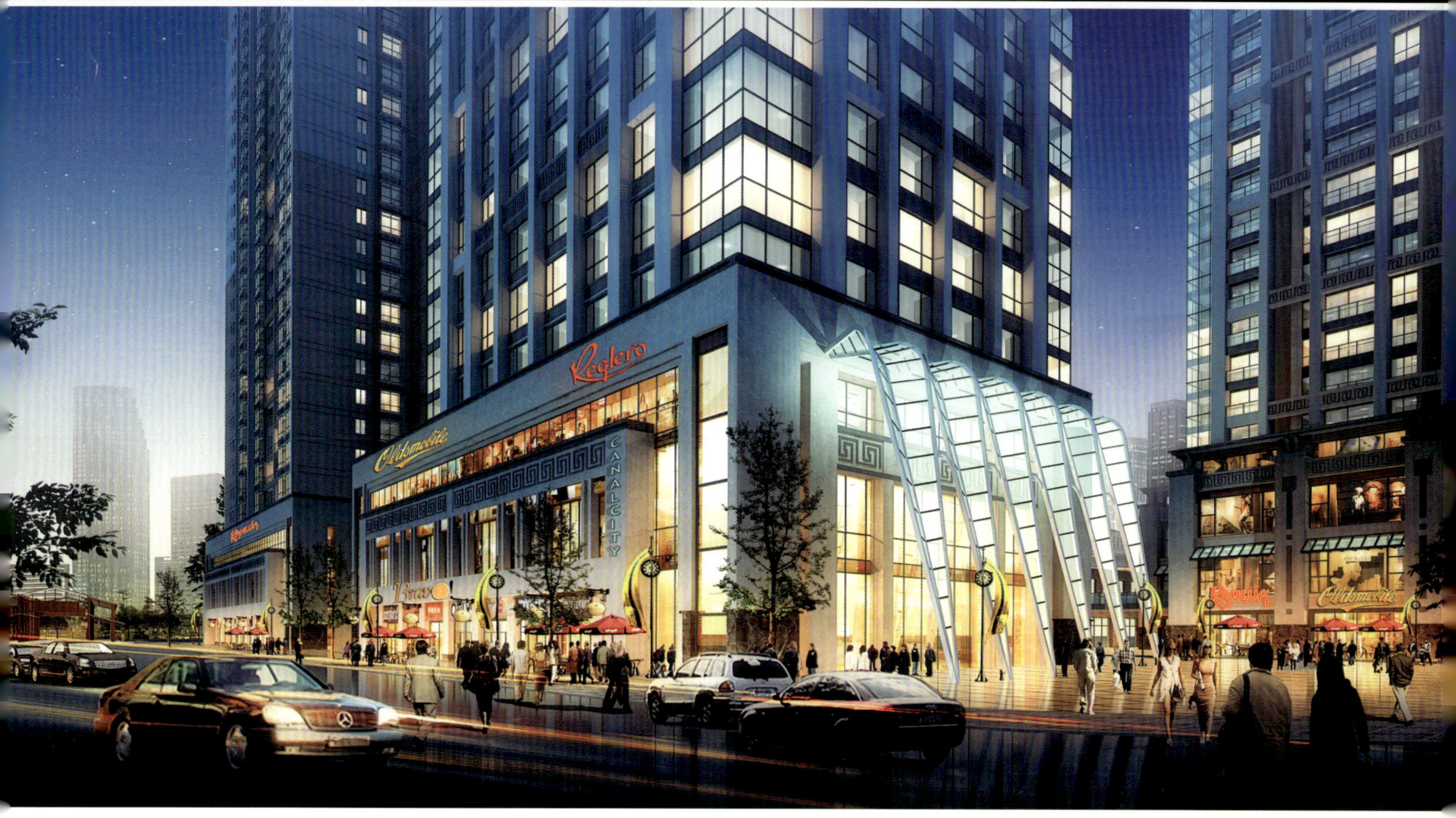

RESIDENCE 2
居住 2

RESIDENTIAL LANDSCAPE
/居住景观

① 某小区广场

绘图单位：西安市创景建筑景观设计有限公司
设计单位：西安市创景建筑景观设计有限公司

② 某住宅小区入口

绘图单位：苏州蓝图建筑设计咨询有限公司
设计单位：苏州园林设计院有限公司

九江市国豪山景城

绘图单位：深圳市朗形数码影像传播有限公司
设计单位：深圳市雅克筑景设计有限公司

六堰山市日盛中央华府

绘图单位：深圳智汇艺术设计有限公司

设计单位：深圳智汇艺术设计有限公司

六堰山市日盛中央华府

绘图单位：深圳智汇艺术设计有限公司
设计单位：深圳智汇艺术设计有限公司

六堰山市日盛中央华府

绘图单位：深圳智汇艺术设计有限公司

设计单位：深圳智汇艺术设计有限公司

宁海县胡家塘湾

绘图单位：深圳市朗形数码影像传播有限公司
设计单位：深圳市林格博纳景观设计有限公司

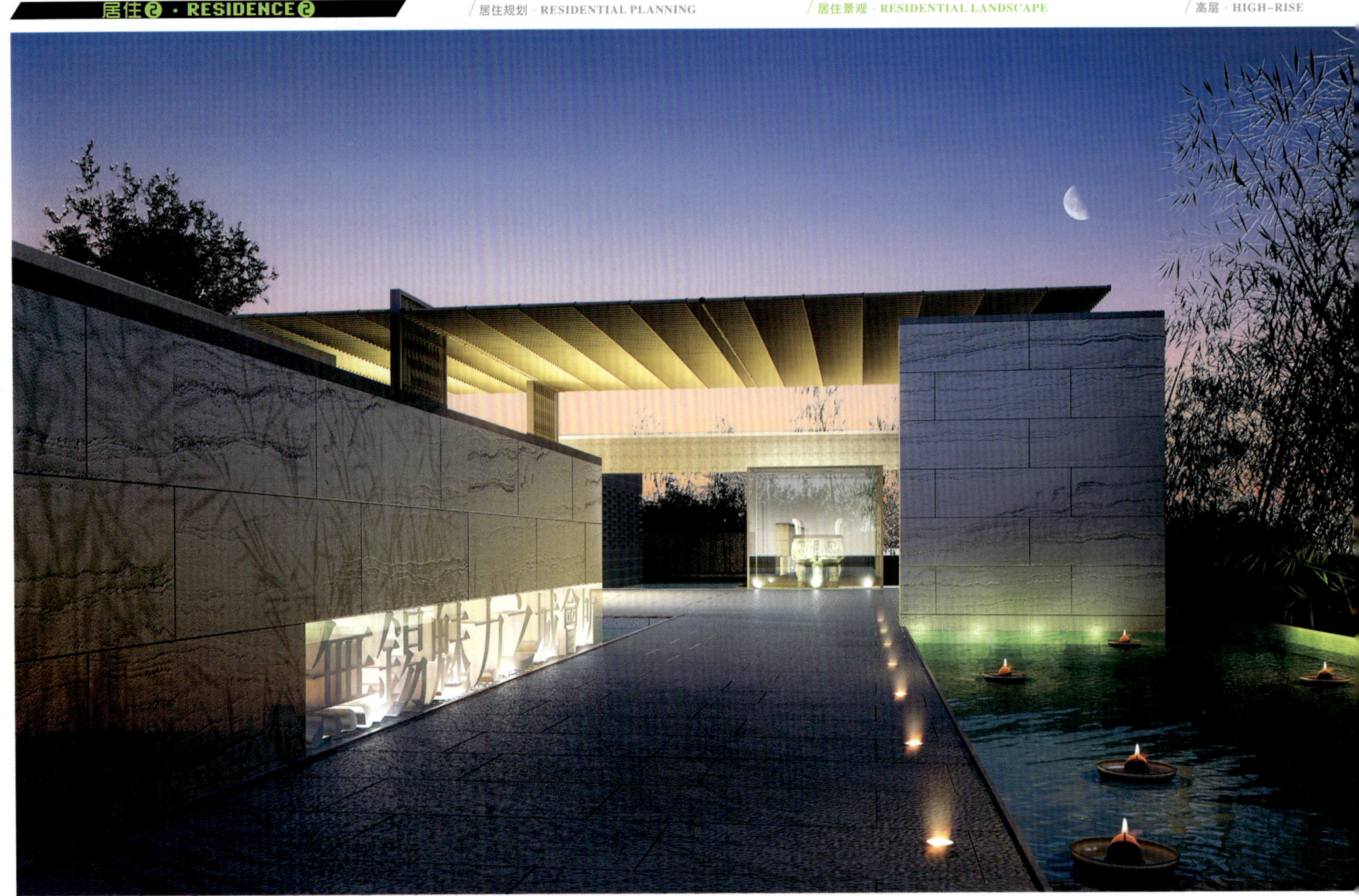

无锡市某中式项目

绘图单位：上海翰境数码科技有限公司

无锡市某中式项目

绘图单位：上海翰境数码科技有限公司

RESIDENCE 2
居住 2

HIGH-RISE
/高层

① 衡阳市某小区
绘图单位：长沙远境图文设计工作室

② 常州市某住宅项目
绘图单位：广州山漫数码科技有限公司
设计单位：广州市科城建筑设计有限公司

①

①

②

杭州市西溪海项目

绘图单位：上海翰境数码科技有限公司

杭州市西溪海项目

绘图单位：上海翰境数码科技有限公司

①

②

③

③

① **The Bayview Tours**
绘图单位：美播商务咨询（上海）有限公司
设计单位：Team 3 Architects

② **洛阳市润阳住宅小区**
绘图单位：洛阳市蒙太奇数码技术有限公司
设计单位：洛阳规划建筑设计有限公司一分院

③ **丹桂园**
绘图单位：深圳市朗形数码影像传播有限公司
设计单位：广西壮族自治区城乡规划设计院深圳分院

某高层

绘图单位：上海翰境数码科技有限公司

某高层

绘图单位：青岛实景建筑表现工作室

Heineken

① **某高层**
绘图单位：青岛实景建筑表现工作室

② **绍兴市某项目**
绘图单位：上海翰境数码科技有限公司

①

②

②

惠州市大亚湾澳头某项目

绘图单位：上海白沐建筑设计咨询有限公司

①

①

②

① 惠州市大亚湾澳头某项目
绘图单位：上海白沐建筑设计咨询有限公司

② 某高层住宅
绘图单位：南京随影图像设计责任有限公司
设计单位：南京华科建筑设计院

③ 洛阳市壹号城邦
绘图单位：洛阳张涵数码影像技术开发有限公司
设计单位：机械工业部第四设计研究院

④ 某小区
绘图单位：宁波海曙城市印象图文设计有限公司

④

①

②

① **济南市中央花园方案一**
绘图单位：上海思坦德建筑装饰工程有限公司
设计单位：上海三益建筑设计有限公司

② **济南市中央花园方案二**
绘图单位：上海思坦德建筑装饰工程有限公司
设计单位：上海三益建筑设计有限公司

① 长沙市高信向日葵

绘图单位：长沙远境图文设计工作室

设计单位：华艺设计院

② 某高层

绘图单位：东莞天海建筑表现有限公司

①

②

① 某小区

绘图单位：青岛宏景数字科技有限公司

设计单位：青岛腾远设计事务所有限公司

② 某高层

绘图单位：青岛实景建筑表现工作室

①

②

①

①

① 重庆市西永大学城某住宅项目
绘图单位：重庆海侨文化传媒有限公司
设计单位：上海同建强华建筑设计有限公司

② 万向君尊
绘图单位：绵阳市瀚影数码图像设计有限公司
设计单位：重庆精佳工程设计咨询有限公司绵阳分公司

②

②

②

①

①

① 万向君尊

绘图单位：绵阳市瀚影数码图像设计有限公司

设计单位：重庆精佳工程设计咨询有限公司绵阳分公司

② 洛阳市宏嘉商住楼

绘图单位：洛阳张涵数码影像技术开发有限公司

设计单位：中机十院国际工程有限公司

①

②

① **某住宅**

绘图单位：泉州联拓数字传媒有限公司

② **某住宅**

绘图单位：武汉3D印象数码设计有限公司

设计单位：中南建筑设计院

②

②

长沙市中隆南湖

绘图单位：长沙忆辰数码图像设计有限公司
设计单位：湖南大学设计研究院

①

②

③

① **成都市五粮液同泰项目方案一**
绘图单位：成都上润图文设计制作有限公司
设计单位：思纳·史密斯集团（中国）成都设计中心

② **成都市五粮液同泰项目方案二**
绘图单位：成都上润图文设计制作有限公司
设计单位：思纳·史密斯集团（中国）成都设计中心

③ **贵阳市某住宅**
绘图单位：重庆仕方图像设计工作室
设计单位：西南设计院重庆分院

大连市某小区

绘图单位：北京东方豹雪数字科技有限公司

① 杭州市中海某项目

绘图单位：深圳市朗形数码影像传播有限公司
设计单位：深圳埃克斯雅本建筑设计有限公司

② 杭州市滨江区10区块住宅

绘图单位：杭州博凡数码影像设计有限公司
设计单位：中国美术学院风景建筑设计研究院

①

①

DANSK
INDUSTRI
DEKO
PHILIPS
SVANSTROMS
②

惠州市某住宅项目

绘图单位：广州市千水数码科技有限公司

设计单位：广州市景森工程设计顾问有限公司

① **某高层**
绘图单位：上海翰境数码科技有限公司

② **某住宅项目**
绘图单位：广州市千水数码科技有限公司

③ **某公寓**
绘图单位：深圳市森凯盟数字科技有限公司
设计单位：深圳拓立维建筑设计公司

②

③

① **黑龙江某高层住宅项目**
绘图单位：哈尔滨麒麟海绘图文设计有限公司
设计单位：哈尔滨麒麟海绘图文设计有限公司

② **济南市汽车厂东路某住宅项目**
绘图单位：济南雅色机构
设计单位：山东佳益建筑设计院

③ **济南市小清河某高层**
绘图单位：济南雅色机构
设计单位：山东佳益建筑设计院

②

③

①
①
①

① **琼海市某项目**
绘图单位：深圳市森凯盟数字科技有限公司
设计单位：深圳同济人建筑设计公司

② **某住宅项目**
绘图单位：青岛宏景数字科技有限公司
设计师：刘伟健

① 苏州市太仓鹊桥小区

绘图单位：上海幻思数码科技有限公司

② 青岛市德阳路某项目

绘图单位：青岛经济技术开发区新皓图像设计工作室

设计师：李乐伟

①

①

①

① **南宁市台湾街 · 云林苑**

绘图单位：深圳市朗形数码影像传播有限公司

设计单位：深圳市浚宇轩建筑设计咨询有限公司

② **武汉市健吾公馆**

绘图单位：武汉市合创图文设计有限公司

设计单位：武汉市民用建筑设计院

①

②

平阳县郑楼镇北侧地块

绘图单位：杭州格墙建筑景观设计有限公司
设计单位：浙江嘉华建筑设计杭州分院

①

②

① 某住宅项目

绘图单位：青岛宏景数字科技有限公司
设计单位：青岛易境设计事务所

② 深圳市翠芳园

绘图单位：深圳市朗形数码影像传播有限公司
设计单位：深圳市蓝森设计顾问有限公司

②

②

深圳市万科龙华公屋

绘图单位：深圳市朗形数码影像传播有限公司
设计单位：深圳市华阳国际工程设计有限公司

①

①

① 南宁市翡翠园
绘图单位：南宁天晨数码图像工作室
设计单位：广西建筑科学研究院

② 某住宅项目
绘图单位：深圳市朗形数码影像传播有限公司
设计单位：深圳市清华苑建筑设计有限公司

②

深圳市中粮鸿云

绘图单位：深圳市朗形数码影像传播有限公司
设计单位：集成建筑设计顾问（深圳）有限公司

①

①

① 双流县南洋盛世二期
绘图单位：成都亿点数码艺术设计有限公司
设计单位：四川山鼎建筑咨询设计有限公司

② 水岸新园
绘图单位：青岛经济技术开发区新皓图像设计工作室
设计单位：潍坊城市设计院

③ 西安市大明宫
绘图单位：杭州博凡数码影像设计有限公司
设计单位：杭州正唐建筑设计咨询有限公司

②

③

桐乡市某住宅项目

绘图单位：深圳市朗形数码影像传播有限公司
设计单位：北京中外建建筑设计有限公司深圳分公司

① 南宁市台湾街 · 宜兰湾

绘图单位：深圳市朗形数码影像传播有限公司
设计单位：深圳市浚宇轩建筑设计咨询有限公司

② 威海市金德 · 祥裕国际大厦

绘图单位：郑州指南针视觉艺术设计有限公司
设计单位：威海中林建筑设计有限公司

①

②

②

②

① 深圳市金泰名苑

绘图单位：济南雅色机构
设计单位：山东联创建筑设计院

② 某住宅项目

绘图单位：青岛宏景数字科技有限公司
设计单位：青岛and建筑设计事务所

RESIDENCE 2
居住 2

SMALL HIGH-RISE
/ 小高层

①

②

① **金堂县双岛某住宅项目**
绘图单位：成都上润图文设计制作有限公司
设计单位：成都环美城源景观工程有限公司

② **德国斯图加特某住宅项目**
绘图单位：杭州博凡数码影像设计有限公司
设计单位：德包豪斯建筑规划设计（杭州）有限公司

③ **某住宅项目**
绘图单位：东莞天海建筑表现有限公司

①

②

① **眉山市苏词翰林**
绘图单位：成都上润图文设计制作有限公司
设计单位：思纳·史密斯集团（中国）成都设计中心

② **龙口市南山松涛苑4#地**
绘图单位：铭世建筑创作工作室
设计单位：铭世建筑创作工作室

龙口市南山松海苑4#地

绘图单位：铭世建筑创作工作室

设计单位：铭世建筑创作工作室

①

②

① 某住宅项目
绘图单位：青岛实景建筑表现工作室

② 洛阳市黄梅路某地块
绘图单位：洛阳张涵数码影像技术开发有限公司
设计单位：河南智博建筑设计有限公司

③ 某住宅项目
绘图单位：上海翰境数码科技有限公司

①

③

① **中冶集团公寓楼**
绘图单位：北京至美印象建筑设计咨询中心
设计单位：北京中冶设计研究总院

② **云南省金橡湾**
绘图单位：重庆仕方图像设计工作室
设计单位：北京正东国际建筑工程设计有限公司重庆分公司

③ **青岛市千千树住宅项目**
绘图单位：三川时代数字图像工作室
设计单位：北京三川时代建筑设计顾问有限公司

②

RESIDENCE 2
居住 2

MULTIPLE-STORY
/ 多层

① **某住宅项目**

绘图单位：宁波海曙城市印象图文设计有限公司

② **山东省某住宅小区**

绘图单位：西安Harada原田数码设计有限公司

① 广西某住宅项目
绘图单位：三川时代数字图像工作室
设计单位：北京清润国际建筑设计研究有限公司

② 包头市某住宅项目
绘图单位：北京至美印象建筑设计咨询中心
设计单位：北京中冶设计研究总院

③ 重庆市金沙国际
绘图单位：成都上润图文设计制作有限公司
设计单位：四川国恒建筑设计有限公司

①

③

②

① 成都市欧香小镇

绘图单位：成都上润图文设计制作有限公司
设计单位：四川国恒建筑设计有限公司

② 某住宅项目

绘图单位：哈尔滨市拓普装饰设计（TOP design）有限公司
设计单位：哈尔滨市拓普装饰设计（TOP design）有限公司

①

①

①

②

重庆市西永硅谷翠庭

绘图单位：重庆海侨文化传媒有限公司
设计单位：上海同建强华建筑设计有限公司

某小区

绘图单位：合肥思拓建筑表现图文工作室
设计单位：上海华东建设发展设计有限公司

① **重庆市蓝溪谷地花园**
绘图单位：重庆金麒麟电脑图像有限公司
设计单位：卓创国际工程设计有限公司

② **上海市青浦新村**
绘图单位：上海翰境数码科技有限公司

②

②

②

四川省乡城故事

绘图单位：重庆金麒麟电脑图像有限公司
设计单位：卓创国际工程设计有限公司

①

②

①

① **海南省某住宅项目**
绘图单位：哈尔滨市拓普装饰设计（TOP design）有限公司
设计单位：哈尔滨市拓普装饰设计（TOP design）有限公司

② **某洋房**
绘图单位：上海思坦德建筑装饰工程有限公司

① 某住宅项目

绘图单位：哈尔滨市拓普装饰设计（TOP design）有限公司
设计单位：哈尔滨市拓普装饰设计（TOP design）有限公司

② 某住宅项目

绘图单位：苏州蓝图建筑设计咨询有限公司

③ 广州市华南御景园

绘图单位：广州山漫数码科技有限公司
设计单位：广东中人工程设计有限公司

①

②

③

③

①

①

① **某多层住宅项目**
绘图单位：上海翰境数码科技有限公司

② **某小区**
绘图单位：苏州蓝图建筑设计咨询有限公司
设计单位：苏州东吴建筑设计院有限责任公司

①

②

① **某住宅项目**
绘图单位：上海翰境数码科技有限公司

② **新疆兵团农五师文化博览园**
绘图单位：安徽飞翔鸟综合服务有限责任公司
合肥飞扬图像公司
设计单位：中铁工程设计院有限公司安徽分院第八研究所

①

②

②

①

①

②

① 都江堰市某小区
绘图单位：深圳市森凯盟数字科技有限公司
设计单位：深圳柏涛建筑设计公司

② 烟台市某住宅项目
绘图单位：上海零度数码科技有限公司

汶川县水磨某住宅项目

绘图单位：成都上润图文设计制作有限公司
设计单位：四川国恒建筑设计有限公司

RESIDENCE 2
居住 2

ROW VILLA
/ 联排别墅

某联排别墅

绘图单位：上海翰境数码科技有限公司

某联排别墅

绘图单位：上海翰境数码科技有限公司

某联排别墅

绘图单位：上海翰境数码科技有限公司

某联排别墅

绘图单位：上海翰境数码科技有限公司

①

②

③

① 某别墅
绘图单位：宁波海曙城市印象图文设计有限公司

② 某别墅
绘图单位：上海翰境数码科技有限公司

③ 某别墅
绘图单位：上海翰境数码科技有限公司

① 某别墅

绘图单位：上海思坦德建筑装饰工程有限公司
设计单位：上海现代华盖建筑设计有限公司

② 宁波市某项目

绘图单位：上海翰境数码科技有限公司

①

②

②

宁波市某项目

绘图单位：上海翰境数码科技有限公司

① 武汉市石门某住宅项目

绘图单位：武汉年轮数码图像有限公司
设计单位：武汉博盛建筑设计咨询有限公司

② 合肥市望江西路某住宅项目

绘图单位：安徽飞翔鸟综合服务有限责任公司
合肥飞扬图像公司
设计单位：安徽地平线建筑设计事务所有限公司

①

②

①

湖州市南浔金像和庄

绘图单位：上海思坦德建筑装饰工程有限公司
设计单位：上海三益建筑设计有限公司

湖州市南浔金像和庄

绘图单位：上海思坦德建筑装饰工程有限公司
设计单位：上海三益建筑设计有限公司

①

②

① 湖州市南浔金像和庄
绘图单位：上海思坦德建筑装饰工程有限公司
设计单位：上海三益建筑设计有限公司

② 某住宅项目
绘图单位：上海思坦德建筑装饰工程有限公司
设计单位：上海三益建筑设计有限公司

③ 某别墅区
绘图单位：宁波海曙城市印象图文设计有限公司

①

②

① 盘锦市亿居
绘图单位：沈阳水晶立方设计有限公司

② 某住宅项目
绘图单位：成都上润图文设计制作有限公司
设计单位：思纳 · 史密斯集团（中国）成都设计中心

③ 某住宅项目
绘图单位：成都上润图文设计制作有限公司
设计单位：重庆德森建筑规划设计院

④ 某别墅
绘图单位：广州市千水数码科技有限公司
设计单位：广州市景森工程设计顾问有限公司

③

④

①

②

③

① **某住宅项目**
绘图单位：青岛宏景数字科技有限公司
设计师：杨亮

② **某住宅项目**
绘图单位：青岛宏景数字科技有限公司
设计单位：青岛易境设计事务所

③ **重庆市大学城欧鹏某洋房**
绘图单位：重庆金麒麟电脑图像有限公司
设计单位：重庆嘉渝园林景观设计有限公司

某别墅

绘图单位：上海翰境数码科技有限公司

① 某别墅

绘图单位：上海翰境数码科技有限公司

② 天津市某住宅项目

绘图单位：上海翰境数码科技有限公司

②

②

济南市某别墅

绘图单位：广州市千水数码科技有限公司
设计单位：广州市景森工程设计顾问有限公司

千顷蒹葭十里洲
溪居宜月更宜秋
鸥凫栖水高僧舍
鹳鹤巢云名士楼
菰蒲叶分飞鹭羽
荻芦花散钓鱼舟
黄橙红柿紫菱角
不羡人间万户侯

① **济南市某别墅**

绘图单位：广州市千水数码科技有限公司

设计单位：广州市景森工程设计顾问有限公司

② **某住宅项目**

绘图单位：武汉年轮数码图像有限公司

设计单位：武汉博盛建筑设计咨询有限公司

①

②

千顷蒹葭十里洲
溪居宜月更宜秋
荻芦花散钓鱼舟
黄橙红柿紫菱角
不羡人间万户侯
①

①

②

②

① 某别墅

绘图单位：东莞天海建筑表现有限公司

② 东莞市领居

绘图单位：东莞天海建筑表现有限公司

设计单位：广州大学建筑设计研究院

① 某别墅

绘图单位：南京随影图像设计责任有限公司
设计单位：南京华科建筑设计院

② 哈尔滨市群力某小区

绘图单位：上海白沐建筑设计咨询有限公司

①

②

②

淮北市濉溪汇景雅居

绘图单位：安徽飞翔鸟综合服务有限责任公司
合肥飞扬图像公司
设计单位：上海华东建设发展设计有限公司

① 某别墅

绘图单位：沈阳水晶立方设计有限公司

② 东莞市柏丽华庭

绘图单位：东莞天海建筑表现有限公司
设计单位：广州大学建筑设计研究院

①

②

①

① **某别墅**

绘图单位：烟台市博源广告设计工作室

设计单位：烟台市建筑设计研究院

② **某和谐新村别墅**

绘图单位：上海市杰点建筑绘画有限公司

设计单位：上海金山规划建筑设计院有限公司

①

②

①

②

① **洛阳市小浪底某别墅区**
绘图单位：洛阳张涵数码影像技术开发有限公司
设计单位：河南智博建筑设计有限公司

② **某别墅**
绘图单位：重庆海侨文化传媒有限公司
设计单位：上海外建建设咨询监理有限公司

①

① 栾川县物资局小区
绘图单位：洛阳市蒙太奇数码技术有限公司
设计单位：洛阳市城市建设勘察设计研究院

② 嘉兴市某住宅
绘图单位：上海零度数码科技有限公司

③ 宁波市家和景院
绘图单位：宁波前沿视觉艺术设计工作室
设计单位：宁波市规划设计研究院

①

②

③

① 宁波市家和景院

绘图单位：宁波前沿视觉艺术设计工作室
设计单位：宁波市规划设计研究院

② 某情景别墅

绘图单位：广州市千水数码科技有限公司
设计单位：广州市景森工程设计顾问有限公司

①

②

③

④

① **某别墅**
绘图单位：青岛实景建筑表现工作室

② **某别墅**
绘图单位：青岛宏景数字科技有限公司
设计单位：青岛腾远设计事务所有限公司

③ **某住宅项目**
绘图单位：成都上润图文设计制作有限公司

④ **某别墅**
绘图单位：青岛宏景数字科技有限公司
设计单位：青岛易境设计事务所

黄山市锦里

绘图单位：安徽飞翔鸟综合服务有限责任公司
合肥飞扬图像公司
设计单位：安徽博园堂地产营销策划有限公司

①

②

① 合肥市花盛香醍

绘图单位：上海翰境数码科技有限公司

② 宣城市上东郡

绘图单位：安徽飞翔鸟综合服务有限责任公司
合肥飞扬图像公司
设计单位：安徽省地平线建筑师事务所

①

①

① **长春市弘锦·怡景名苑**
绘图单位：郑州361视觉艺术设计有限公司
设计单位：河南埃德莫菲建筑设计有限公司

② **某别墅**
绘图单位：武汉市朗辰设计咨询有限公司
设计单位：武汉市建筑设计院七所

①

②

台州市某住宅项目

绘图单位：上海江圆邓数字科技有限公司

RESIDENCE 2
居住 2

SINGLE VILLA
/ 独栋别墅

东苑二期

绘图单位：郑州指南针视觉艺术设计有限公司
设计单位：北京中科院建筑设计研究院

① 某英式山地别墅

绘图单位：杭州地衣建筑设计咨询有限公司

设计单位：华坤建筑设计研究院三所

② 某别墅

绘图单位：青岛宏景数字科技有限公司

设计单位：青岛易境设计事务所

①

①

②

②

海南省某别墅

绘图单位：哈尔滨市拓普装饰设计（TOP design）有限公司
设计单位：哈尔滨市拓普装饰设计（TOP design）有限公司

海南省某别墅

绘图单位：哈尔滨市拓普装饰设计（TOP design）有限公司
设计单位：哈尔滨市拓普装饰设计（TOP design）有限公司

① 九曲沿河别墅

绘图单位：青岛经济技术开发区新皓图像设计工作室
设计单位：潍坊城市设计院

② 某别墅

绘图单位：上海思坦德建筑装饰工程有限公司

①

②

绵阳市仙海

绘图单位：上海市杰点建筑绘画有限公司
设计师：刘治平

某别墅

绘图单位：杭州地衣建筑设计咨询有限公司
设计单位：中域（杭州）设计有限公司

某别墅

绘图单位：杭州地衣建筑设计咨询有限公司
设计单位：中域（杭州）设计有限公司

① 某别墅

绘图单位：青岛宏景数字科技有限公司

② 某别墅

绘图单位：青岛实景建筑表现工作室

③ 某别墅

绘图单位：上海市杰点建筑绘画有限公司

设计单位：上海金山规划建筑设计院有限公司

①

①

②

③

某别墅

绘图单位：泉州联拓数字传媒有限公司

①

①

① 某别墅
绘图单位：深圳市朗形数码影像传播有限公司
设计单位：中信建筑设计（深圳）研究院有限公司

② 某别墅
绘图单位：上海思坦德建筑装饰工程有限公司

③ 黄山市某别墅
绘图单位：上海思坦德建筑装饰工程有限公司

②

③

① 某别墅
绘图单位：上海思坦德建筑装饰工程有限公司
设计单位：上海中建建筑设计院有限公司

② 某别墅
绘图单位：成都上润图文设计制作有限公司
设计单位：思纳 · 史密斯集团（中国）成都设计中心

③ 某别墅
绘图单位：郑州拓维数字科技有限公司
设计单位：中科院建筑设计研究院河南分院

④ 某别墅
绘图单位：上海思坦德建筑装饰工程有限公司

②

①

②

③

③

① **某别墅**
绘图单位：武汉市朗辰设计咨询有限公司
设计单位：武汉市建筑设计院七所

② **某别墅**
绘图单位：上海翰境数码科技有限公司

③ **某别墅**
绘图单位：上海翰境数码科技有限公司

① 中东某别墅
绘图单位：上海零度数码科技有限公司

② 某住宅
绘图单位：上海思坦德建筑装饰工程有限公司
设计单位：上海三益建筑设计有限公司

③ 某俄式风情别墅区
绘图单位：哈尔滨市拓普装饰设计（TOP design）有限公司
设计单位：哈尔滨市拓普装饰设计（TOP design）有限公司

①

②

某住宅项目

绘图单位：上海日盛景观设计有限公司
设计单位：上海汉思建筑设计事务所

① **某住宅项目**
绘图单位：上海思坦德建筑装饰工程有限公司
设计单位：上海三益建筑设计有限公司

② **重庆市御景天水**
绘图单位：重庆金麒麟电脑图像有限公司
设计单位：中煤国际工程集团重庆设计研究院

①

①

②

③

④

① **秦岭区某别墅**

绘图单位：西安市创景建筑景观设计有限公司
设计单位：西安市创景建筑景观设计有限公司

② **儋州市某住宅项目**

绘图单位：深圳市森凯盟数字科技有限公司
设计单位：深圳同济人建筑设计公司

③ **某别墅**

绘图单位：成都上润图文设计制作有限公司
设计单位：重庆德森建筑规划设计院成都分院

④ **某别墅**

绘图单位：西安市创景建筑景观设计有限公司
设计单位：西安市创景建筑景观设计有限公司

泉州市某别墅

绘图单位：东莞天海建筑表现有限公司

①

②

③

① **深圳市某别墅**
绘图单位：东莞天海建筑表现有限公司

② **某私人别墅**
绘图单位：洛阳市蒙太奇数码技术有限公司
设计师：张润月

③ **南宁市高尔夫别墅**
绘图单位：重庆金麒麟电脑图像有限公司
设计师：刘锐

①

②

千頃蒹葭十裡洲
溪居宜月更宜秋
鷗鳧棲水高僧舍
鸛鳩巢雲名士樓
蒼蔔葉分飛鷺羽
荻蘆花散釣魚舟
黄橙红柿紫菱角
不羡人間萬户侯

① **肇庆市星湖别墅**
绘图单位：深圳市朗形数码影像传播有限公司
设计单位：集成建筑设计顾问（深圳）有限公司

② **十里洲别墅**
绘图单位：青岛经济技术开发区新皓图像设计工作室
单位设计：潍坊城市设计院

某别墅

绘图单位：青岛宏景数字科技有限公司